¿Qué hacer con la basura?

¿Qué hacer con la basura?

Texto de Óscar Muñoz y Rafael Robles
Ilustración de Bruno González

Consejo Nacional de Fomento Educativo

¿Qué hacer con la basura?

El Consejo Nacional de Fomento Educativo agradece a las delegaciones en los estados de Chiapas, Michoacán, Nuevo León y Sonora, por el apoyo brindado durante la etapa de prueba de campo de este libro.
Para los ajustes de este material se tomaron en cuenta las sugerencias y aportaciones de los niños e instructores de las siguientes comunidades: Tres Hermanos y Montecristo (municipio Cintalapa), La Grande y Las Anonas (municipio Pijijiapan), Bugambilias (municipio Arriaga) y Campeche (municipio Ocozocoautla), en Chiapas; La Noria (municipio Pátzcuaro), Jicalán el Viejo (municipio Uruapan) y La Pácata (municipio Nuevo San Juan), en Michoacán; así como El Roble y Ángeles (municipio Montemorelos), en Nuevo León, y El Colorado y Arroyo (municipio Hermosillo), en Sonora.

Edición
Dirección de Medios y Publicaciones

Asesoría
Alicia Castillo
Centro Universitario de Comunicación de la Ciencia, UNAM

Diseño
Patricia Ortega Polo

Primera edición: 1984
Vigésima segunda reimpresión: 2006

ISBN 968-29-0259-2
IMPRESO EN MÉXICO

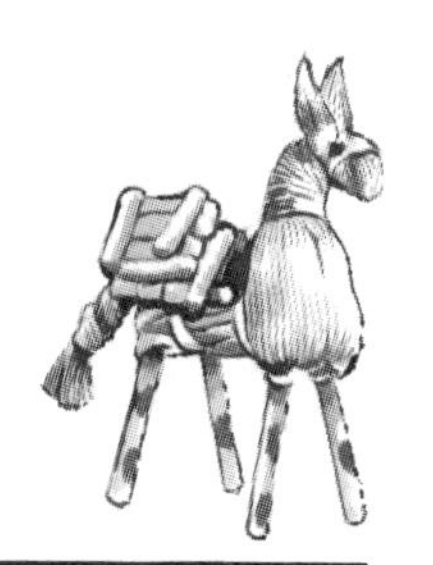

Índice

Carta para los lectores

Este libro es para ti, para ti y para ti también... para ustedes.

Seguramente tu familia, tus vecinos y tú mismo aprovechan la tierra, como toda la gente que vive en el campo. Que ¿para qué? Pues... para poner su casa, para sembrar y cosechar plantas y para criar en ella animales. Y algo de lo que obtienen lo utilizan para alimentarse y lo demás para venderlo.

Pero también aprovechan el agua para lavarse, preparar la comida, limpiar la casa y la ropa y hasta para divertirse jugando en el mar, el río o el arroyo.

Además, todos necesitamos del aire para respirar, para vivir.

La gente que vive en la ciudad consume lo que los pobladores del campo producen. Pero también esa gente trabaja haciendo cosas que todos, los de la ciudad y los del campo, necesitamos. Y esas cosas, esos productos, como jabones, aceites, harinas, sopas, bebidas, etc., son envasados en cajas de cartón, en latas, en botellas de plástico o de vidrio y en bolsas de papel o de plástico.

Así, cada día, en cada lugar, en la ciudad y en el campo, se junta basura, como las cáscaras de huevos y de frutas, las sobras de comida y hasta los envases de cartón, de lata o de plástico en que vienen los productos que se fabrican.

Hoy queremos platicar contigo sobre lo que podemos hacer con la basura, porque a todos nos interesa conservar limpios nuestra tierra, nuestra agua y nuestro aire.

La mayoría de la gente sabe aprovechar la basura. Pero en muy pocos lugares la gente entierra la basura que ya no les sirve para nada. Hemos recorrido diferentes pueblos y ciudades y algo de lo que vimos lo apuntamos para contarlo en este libro.

Puede ser que algo de lo que aquí leas sea lo mismo que hacen en el lugar donde vives. Pero puede ser también que allí tengan más ideas de cómo aprovechar la basura. Si es así, escríbenos, como si lo platicaras, qué otras cosas hacen con la basura tu familia y tus vecinos.

¡Ah!... y también puedes contarnos qué te interesó de este libro, qué cosa no te gustó y si algo de lo que aquí está fue útil para ti y tus compañeros.

Puedes escribirnos a:

Consejo Nacional de Fomento Educativo
Dirección de Medios y Publicaciones
Río Elba 20, piso 14, col. Cuauhtémoc
CP 06500, México, D.F.

¡Hasta el próximo libro!

¿De dónde provienen las basuras?

Observa el dibujo. Tú sabes de dónde salen las cáscaras, los olotes, el estiércol, la hojarasca y los huesos.

Toda esta basura proviene de los **seres vivos, de plantas o de animales**, es decir, de los organismos. Por eso se llama **basura orgánica**.

¿Y de dónde salen las latas, las botellas de vidrio, la loza, las llantas y las cubetas de plástico?

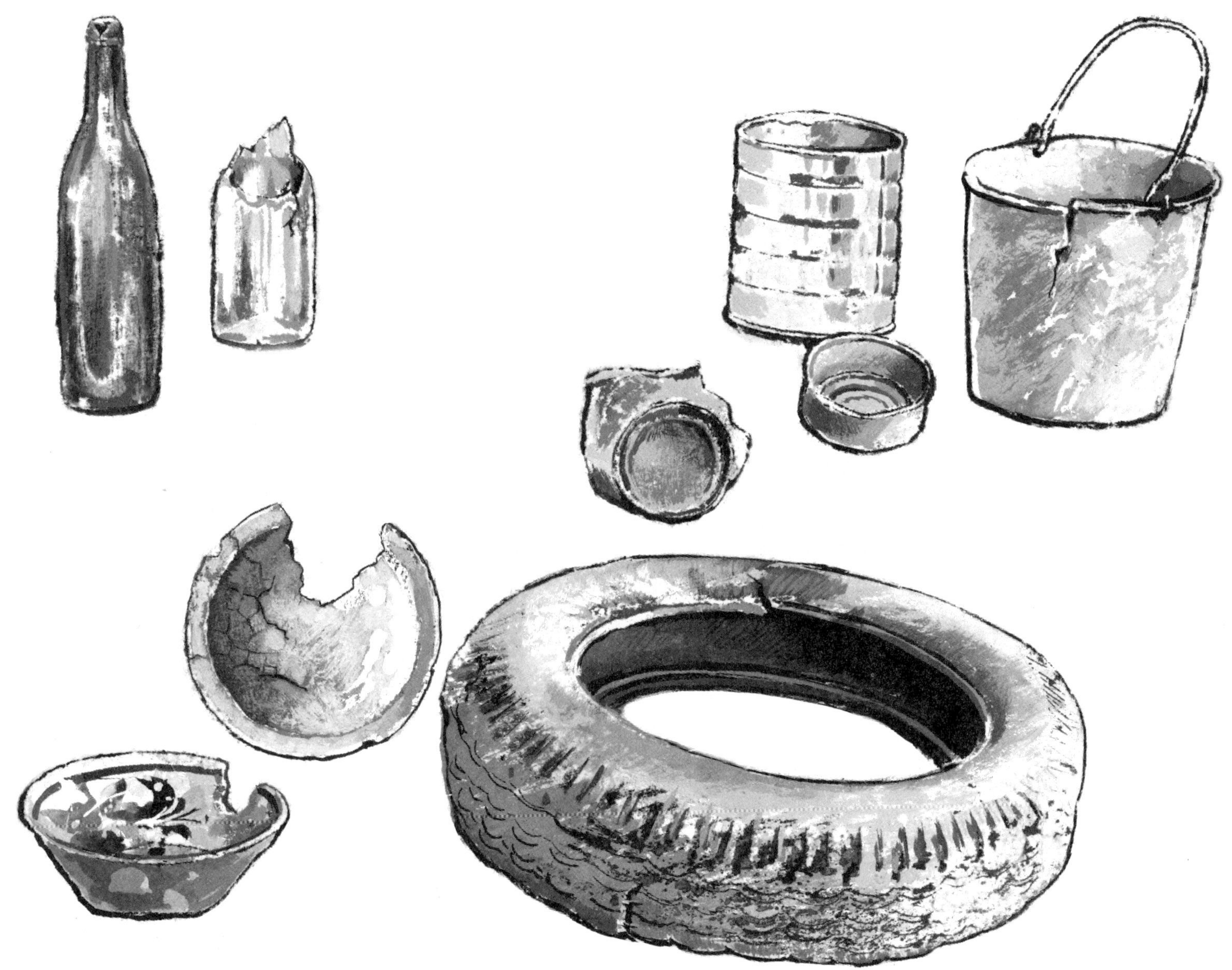

Esta basura proviene de **cosas que fabrican los hombres**. Es basura que no sale de ningún ser vivo, de ningún organismo. Por eso se llama **basura inorgánica**.

¡Ah!. . ., también el humo y los detergentes, o jabones en polvo, son **basuras inorgánicas**, son basuras que no salen de ningún ser vivo.

¿A dónde crees que va a parar el humo?

¿Y a dónde se quedará el jabón en polvo después que se haya usado para lavar?

Los humos ensucian, contaminan el aire que todos respiramos. Y los jabones en polvo, o detergentes, contaminan el agua que todos necesitamos.

Descubre en este dibujo 10 cosas que son **basura orgánica**, basura que proviene de los organismos vivos. Y también 10 cosas que son **basura inorgánica**, o sea, basura que no sale de ningún ser vivo, de ningún organismo.

Si no las encuentras todas, en la última página de este libro encontrarás la solución.

¿En qué se puede aprovechar la basura orgánica?

¿No se te ocurre pensar que la basura se puede aprovechar para muchas cosas? Pero, ¿cuál de todas las basuras puede aprovecharse? Para saberlo, realiza un experimento:

Escoge una basura que haya salido de algún ser vivo, por ejemplo, una cáscara de plátano. Y también una basura que no provenga de ningún organismo, por ejemplo, una bolsa de plástico.

Después, las puedes dejar durante toda una semana en un lugar donde no se vayan a perder.

Observa lo que le sucedió a la basura orgánica, la cáscara de plátano: ¿cambió su aspecto? ¿Por qué? ¿Se pudrió?

Y también lo que le sucedió a la basura inorgánica, la bolsa de plástico: ¿cambió en algo su aspecto? ¿Por qué? ¿No se pudrió?

Como te habrás dado cuenta, la basura orgánica, como la cáscara de plátano, se pudre. Pero a la basura inorgánica, como la bolsa de plástico, no le sucede nada, dura mucho tiempo donde se le tira.

Que ¿para qué es importante saber que algunas basuras se pudren y otras no? Bueno, para poder aprovecharlas mejor.

Las basuras que se pudren y se deshacen se mezclan con la tierra y la alimentan, la enriquecen y la mejoran para el cultivo.

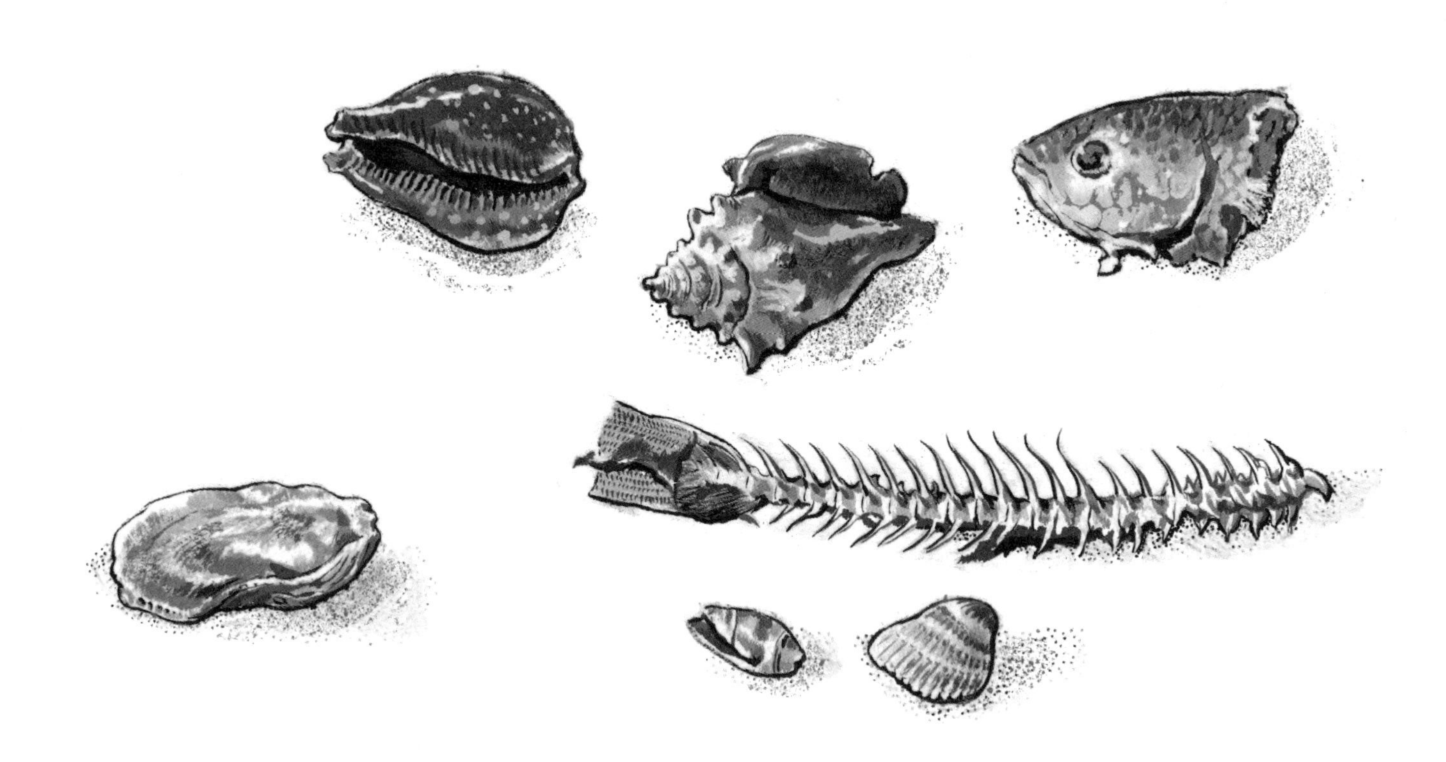

¿Qué basuras se juntan en el lugar donde vives?

Por ejemplo, si vives es una comunidad costera, junto al mar, seguramente se junta la basura que queda de todo lo que se pesca. Esta basura sirve para hacer abono, el cual le sirve a la tierra para mejorar los cultivos. Y también esta basura es útil para hacer collares, llaveros y adornos.

Pero si vives cerca del desierto, o en la sierra, seguramente que la basura que se junta es diferente a la basura que hay en las comunidades costeras.

¿Qué basuras encuentras en estos tiraderos?

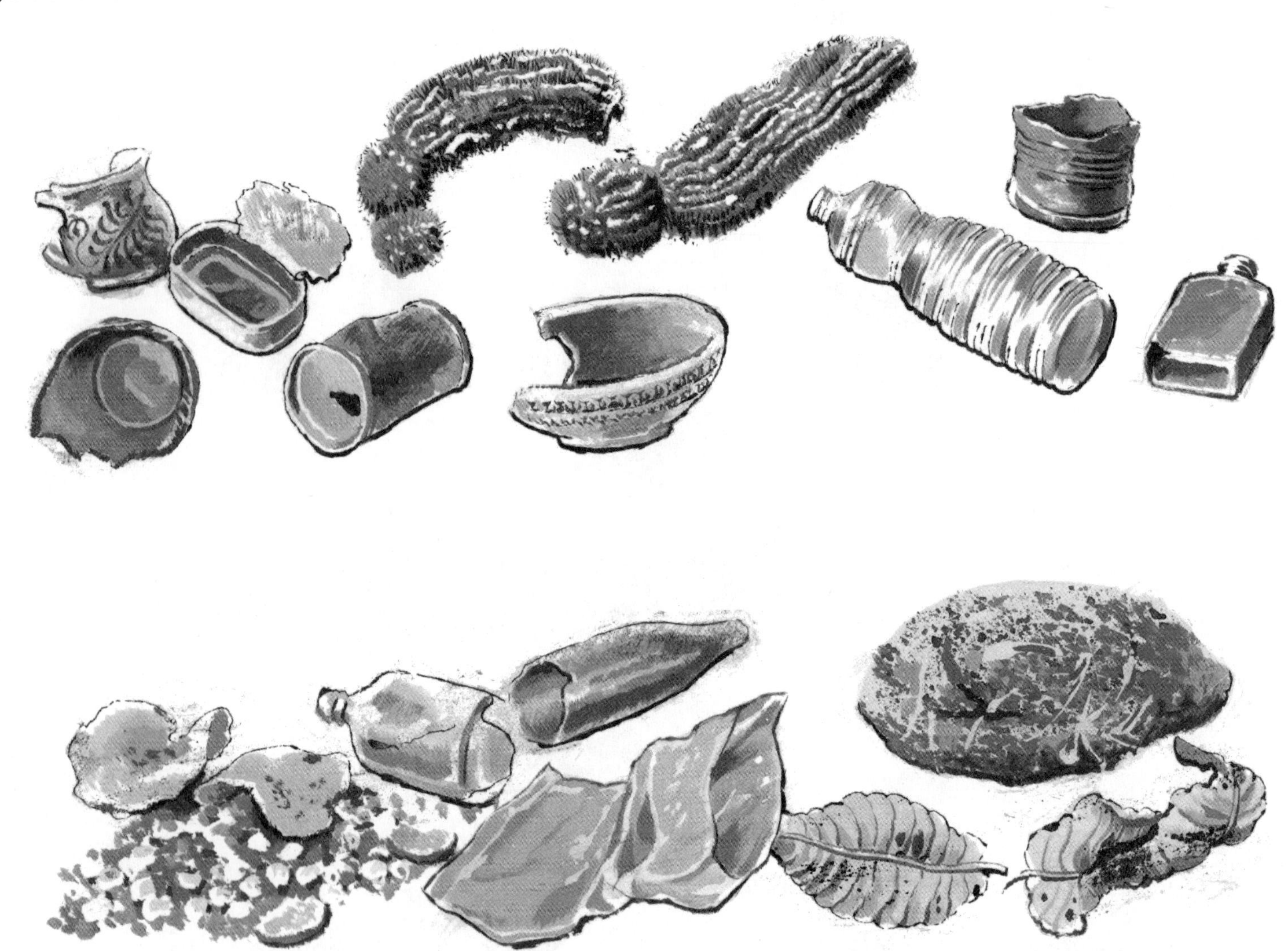

¿Y en el lugar donde vives, qué tipo de basura hay? ¿De dónde sale toda la basura que se tira? ¿Cómo la han aprovechado?

Con la basura orgánica, como las sobras de comida, la hojarasca de las plantas y el estiércol, se puede hacer abono natural.

Tú sabes que la tierra necesita abonarse para que los cultivos crezcan mejor. ¿Por qué? Bueno, porque las plantas aprovechan lo que hay en la tierra y la tierra se cansa, se agota. Por eso es bueno cuidarla, echándole abono.

Para hacer abono natural se necesita basura orgánica, basura que sale de los seres vivos y además, que se pudra rápidamente.

¿Qué basura orgánica que se pudra hay en tu comunidad? Investígalo. Después, si tú quieres, puedes hacer abono natural con ella.

Los campesinos bien que saben hacer abono natural.

Seguramente te has dado cuenta que donde hay vacas, puercos, mulas y gallinas, hay excrementos. Los campesinos ponen en los corrales paja y excrementos. Ahí, estas dos basuras se mezclan al pisotearlas los mismos animales. Pero los excrementos no pueden descomponerse completamente, si les falta aire. Por eso, habrás visto que la paja pisoteada y mezclada con el excremento o estiércol es amontonada afuera del corral. Así, al orearse, se forma abono natural.

Pero, ¿sabías tú que desde hace mucho tiempo los habitantes de nuestro país ya hacían abono natural? Los antiguos mexicanos cultivaban en lugares donde había agua, como las lagunas y los canales, sobre chinampas que ellos mismos construían.

Las chinampas eran balsas rectangulares llenas de carrizos, ramas y lodo. Las usaban para sembrar en lagunas, por lo que no era necesario regarlas. Que ¿con qué se abonaban estas chinampas? Bueno, pues, con los vegetales podridos que sacaban del fondo de la laguna.

Estas chinampas todavía existen en algunas partes de México, como en los estados de Tabasco y Veracruz, y en Xochimilco, que se encuentra en la ciudad de México.

¿Cómo hacer abono natural?

¿Te gustaría hacer, con tus compañeros o familiares, abono natural para el huerto escolar o familiar? Pero antes de comenzar será importante que protejan sus manos cuando vayan a buscar basura orgánica para el abono. Pueden ponerse bolsas de plástico en las manos. Y después de cada vez que hayan trabajado con la basura, procuren lavarse muy bien con agua y jabón.

Lo primero que pueden hacer será extender sobre el suelo todas las ramas, ramitas y ramotas que encuentren. ¿Recuerdas que el aire es importante para que se forme el abono? Bueno, pues al colocar en el suelo las ramas, a las basuras les podrá llegar aire desde abajo.

¿Y qué tanto de ramas podrán usar? Las suficientes como para cubrir un pedazo de tierra de unos catorce pasos de largo y de unos siete pasos de ancho. Además, deberán amontonar las ramas hasta una altura de tres manos juntas.

Enseguida pongan basura orgánica sobre las ramas. Que ¿qué tanto? Bueno, esta basura deberá alcanzar una altura de unas cuatro manos juntas. Y encima de la basura podrán poner excremento o estiércol, con una altura de una sola mano. El estiércol es importante también, porque ayudará a pudrir rápidamente la basura.

No se les olvide rociarle agua a estas capas de basura y excremento para que estén siempre húmedas.

Y así, sigan poniendo capas de basura y de excremento hasta que tengan la altura de un niño de diez años de edad.

Al principio habrá que mantener muy bien parados los lados del montón. Y también tendrán que pisotearlo cada noche para dejarlo bien apretado. Y si llegan a ver que la basura y los excrementos están secos, rocíenle agua para mantenerlos húmedos. Tú sabes que el agua también es importante para que la basura se pudra.

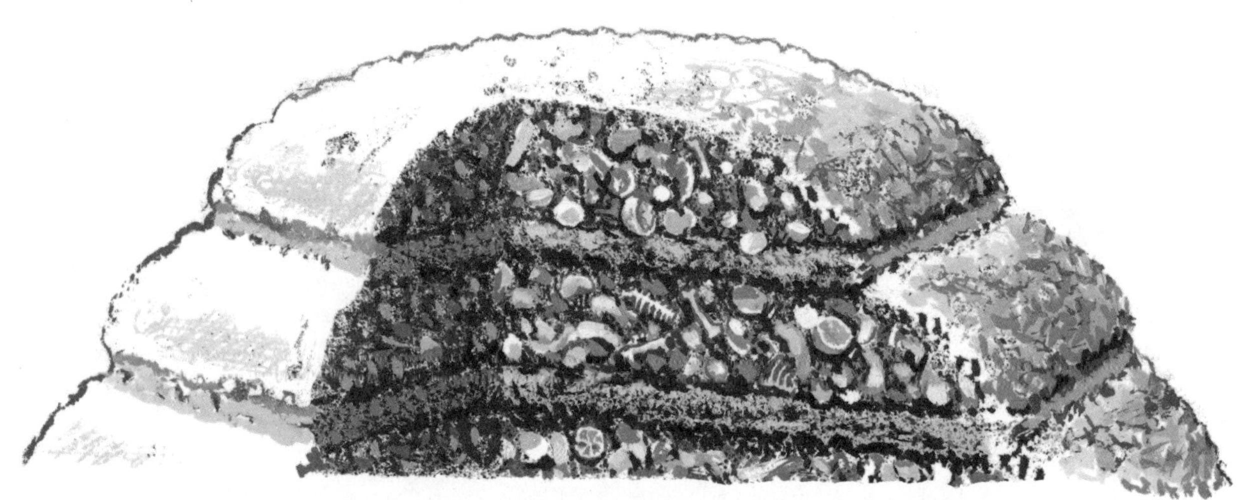

Una vez que terminen el montón, tápenlo con un costal o un poco de tierra. Que ¿por qué conviene cubrirlo? Pues, para que se caliente, ya que el calor ayuda a que la basura se pudra.

Ya verás cómo ese montón se comenzará a calentar. Pero llegará un momento en el que no se calentará más.

Cuando el montón de basura comience a enfriarse, habrá que voltearlo. Para hacerlo tendrán que colocar la parte de arriba abajo y la de abajo arriba; y también la de los lados hacia dentro y la parte interior hacia afuera. Todo esto lo pueden hacer partiendo el montón en ocho pedazos grandes, utilizando algunas palas. Al hacerlo, vuelvan a humedecer el montón de basura. El agua y el aire harán que el montón se vuelva a calentar.

¿Y si se vuelve a enfriar el montón de basura? Bueno, entonces será una señal de que el abono natural está listo para echarlo en la tierra.

Para echarlo al huerto, mezclen el abono natural con la tierra de cultivo. Ya verán cómo las plantas crecerán mejor.

Con el abono natural el suelo se mantiene muy sano, algo que no sucede si se usan fertilizantes, ya que con el tiempo estos abonos artificiales llegan a contaminar la tierra.

También pueden preparar abono natural en corrales hechos con ramas o en tambos de aceite vacíos, a los que tendrán que hacerles algunos agujeros. Lo importante es que el montón de basura esté muy bien ventilado y humedecido para que tenga aire y agua suficientes.

Para voltear el montón de basura y excremento podrán desarmar el corral o voltear de cabeza el tambo y partir el montón en algunos pedazos. Como ves, con la basura orgánica se puede hacer un buen abono natural.

Avanza y retrocede

Puedes jugar "Avanza y retrocede" con uno o más compañeros. Necesitas una ficha para cada jugador (semillas, corcholatas, piedritas, etc.) y seis papelitos numerados del 1 al 6, puestos boca abajo sobre la mesa.

Para empezar a jugar hay que revolver los seis papelitos, antes de que un jugador saque uno. Después, según el número que haya sacado, avanzará su ficha contando desde la salida. Luego regresará su papelito junto a los otros para revolverlos otra vez y otro jugador pueda sacar el suyo.

Y así, por turnos, todos los jugadores continuarán revolviendo los papelitos, sacando su número y avanzando su ficha desde la casilla donde hayan quedado en su última tirada. Pero cuando alguien llegue a una casilla con indicaciones, tendrá que seguirlas al pie de la letra.

Gana quien llegue primero a la última casilla. Pero si le sobran avanzadas, tendrá que seguir contando desde la casilla final hacia atrás, para que en su próxima tirada intente llegar a la última casilla sin que le sobren avanzadas.

Al terminar de jugar, puedes comentar con tus compañeros cómo se puede hacer abono natural.

27
24
Esperas a que se caliente la composta. Avanza a la casilla 27.
22
21
Preparas la composta en capas separadas. Avanza a la casilla 23.
19
18
Mezclas la hojarasca con los excrementos. Retrocede a la casilla 14.
26
25
23
20
17
16
43
38
40
Echas la composta y la semilla al mismo tiempo. Pierdes una tirada.
39
41
42
Tu hortaliza está sana y fuerte. ¡Ganaste!
15
Encuentras un petate viejo. Ganas una tirada.
14
5
6
Juntas trozos de plástico. Retrocede a la casilla 2.
4
7
8
9
Juntas excrementos. Avanza a la casilla 12.
10
11
12
13
No encuentras con qué tapar la composta. Pierdes una tirada.

¿Qué se puede hacer con la basura inorgánica?

¿Qué crees que se podrá hacer con la basura inorgánica, la basura que no proviene de ningún organismo, de ningún ser vivo?

Tú ya sabes que la basura inorgánica no se pudre y dura mucho tiempo donde se le tira. Pero, ¿tú crees que esta basura no sirve para nada?

Con los desechos de vidrio, de lata o de loza se pueden hacer vasos, juguetes, macetas y quién sabe cuántas cosas más.

Seguramente has visto llantas tiradas en algunos lugares de tu comunidad. ¿Te has puesto a pensar en cuántos huaraches se podrían hacer aprovechando una llanta de camión para las suelas?

En algunos lugares, con las llantas viejas hacen juegos, como columpios y sube y bajas. . .

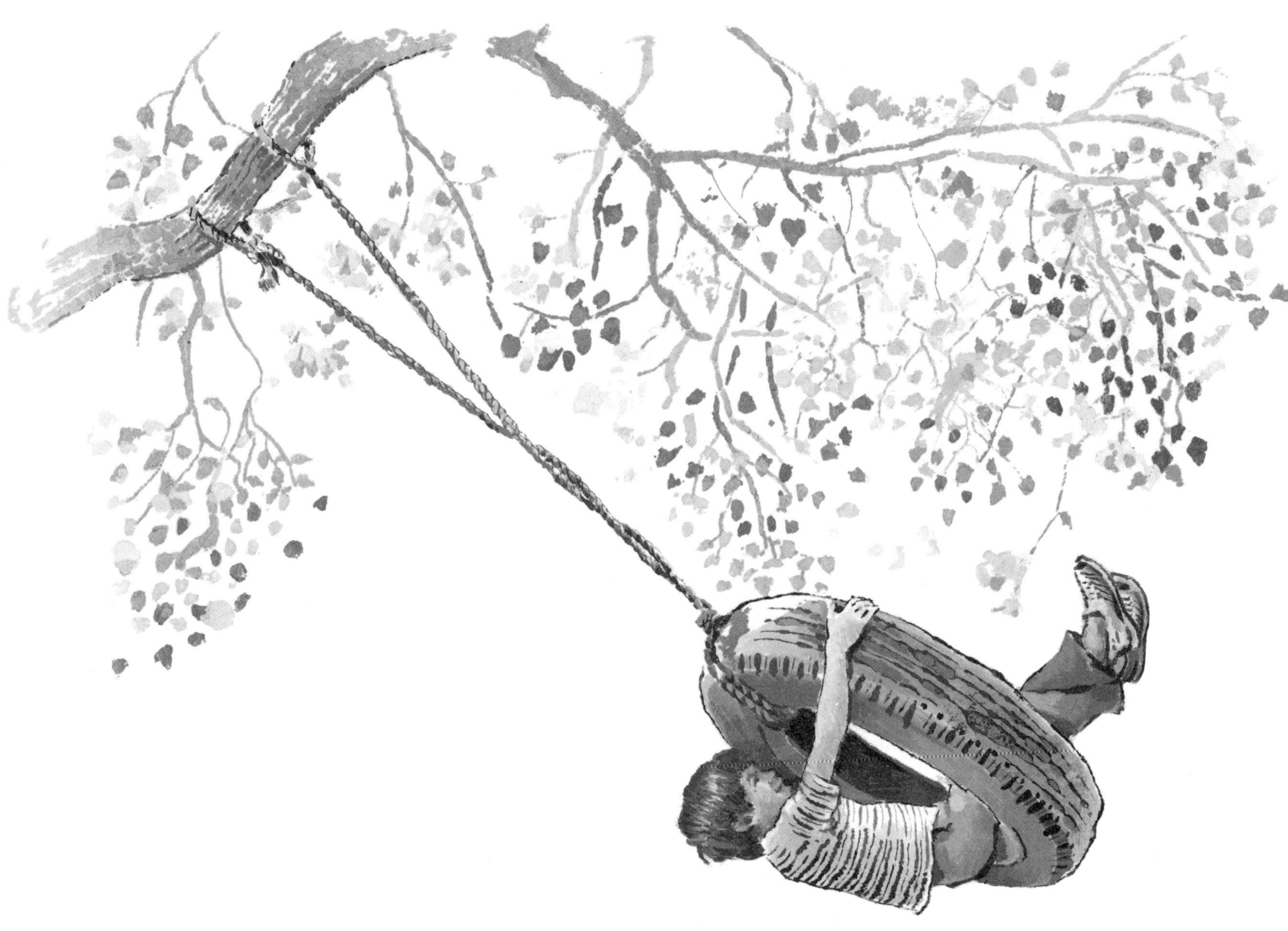

Y muchos otros juegos como éstos.

¿Te gustaría hacer un papalote con bolsas de hule, algunas varitas, trapos viejos y un poco de hilo?

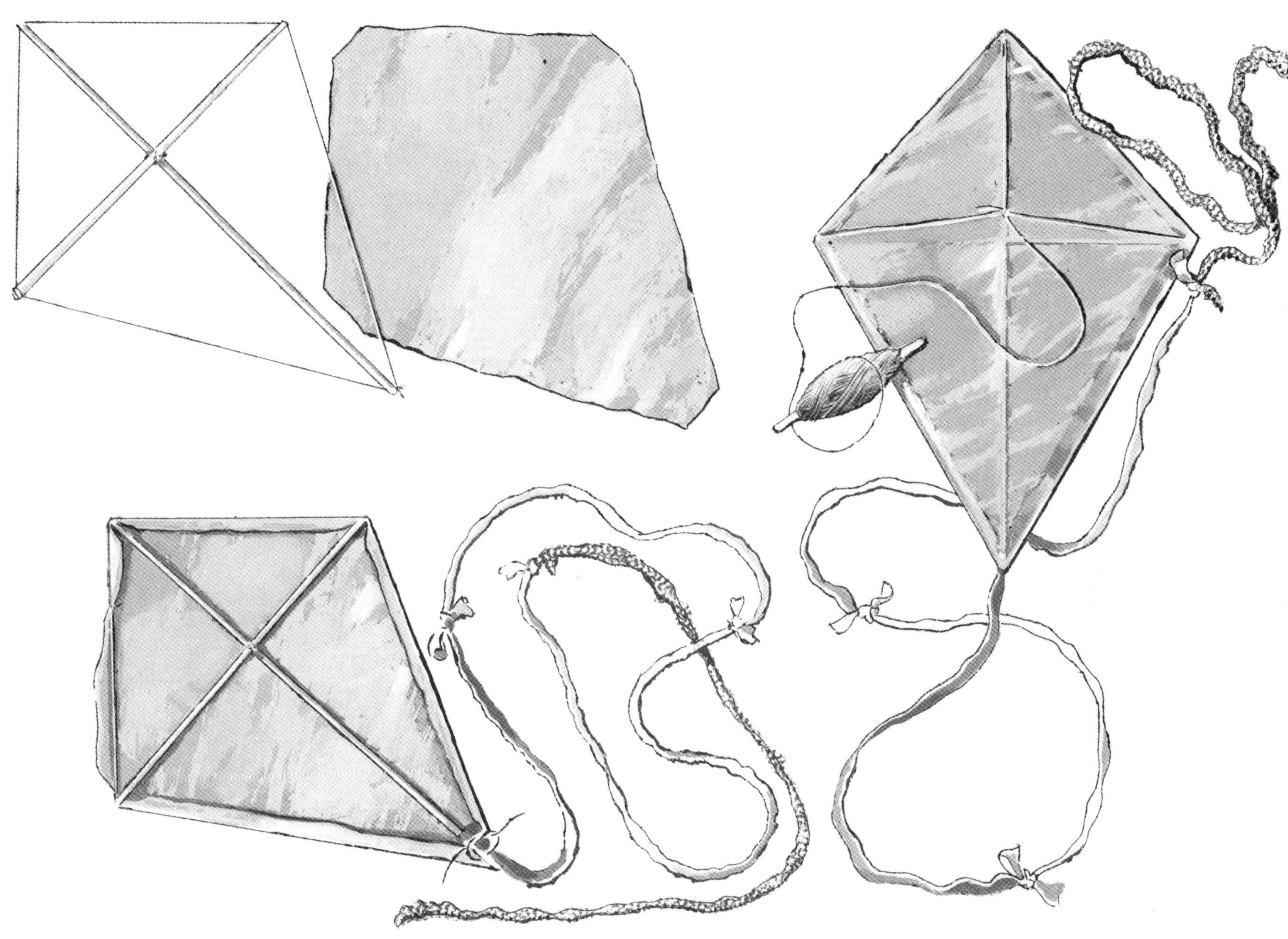

Juegos con llantas

Puedes jugar "Juegos con llantas" con uno o más amigos. Necesitas una ficha para cada jugador y seis papelitos numerados del 1 al 6. Cada jugador, por turnos, avanzará su ficha, según el número que haya sacado. Cuando llegue alguien a una llanta con indicaciones, tendrá que hacer lo que está escrito. Gana quien llegue primero a la última llanta, sin que le sobren avanzadas. ¡Que se diviertan. . .!

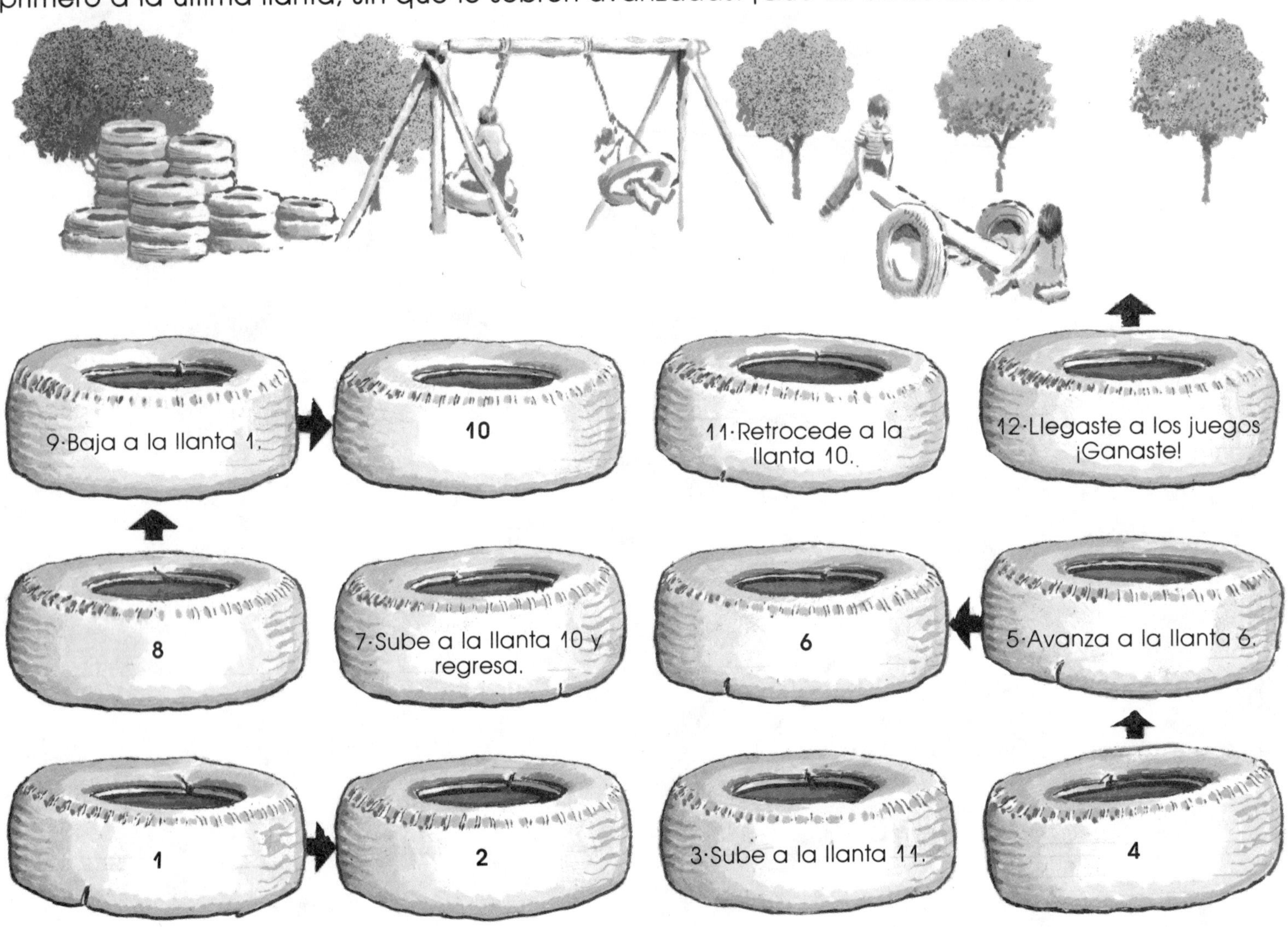

¿Qué sucede cuando la basura no se usa para nada?

Ya viste que la basura se puede aprovechar para muchas cosas. Pero, ¿qué hacer con la basura que no sirvió para nada? ¿Tú crees que sea suficiente con tirar por ahí la basura que se junta en las casas? ¿No crees que lo mejor sería enterrar la basura?

¿Te has fijado qué animales e insectos viven en la basura? En tiempo de secas, muchas moscas sobrevuelan los basureros. Y como en estos lugares también viven microbios, que son tan pequeñitos que no se ven a simple vista, las moscas transportan en sus patitas estos microbios. Y al andar por todas partes, las moscas se meten en las casas y después se paran sobre cualquier cosa, como los alimentos. Después entran los microbios en nuestro cuerpo y nos enfermamos del estómago, de los intestinos, de muchas cosas.

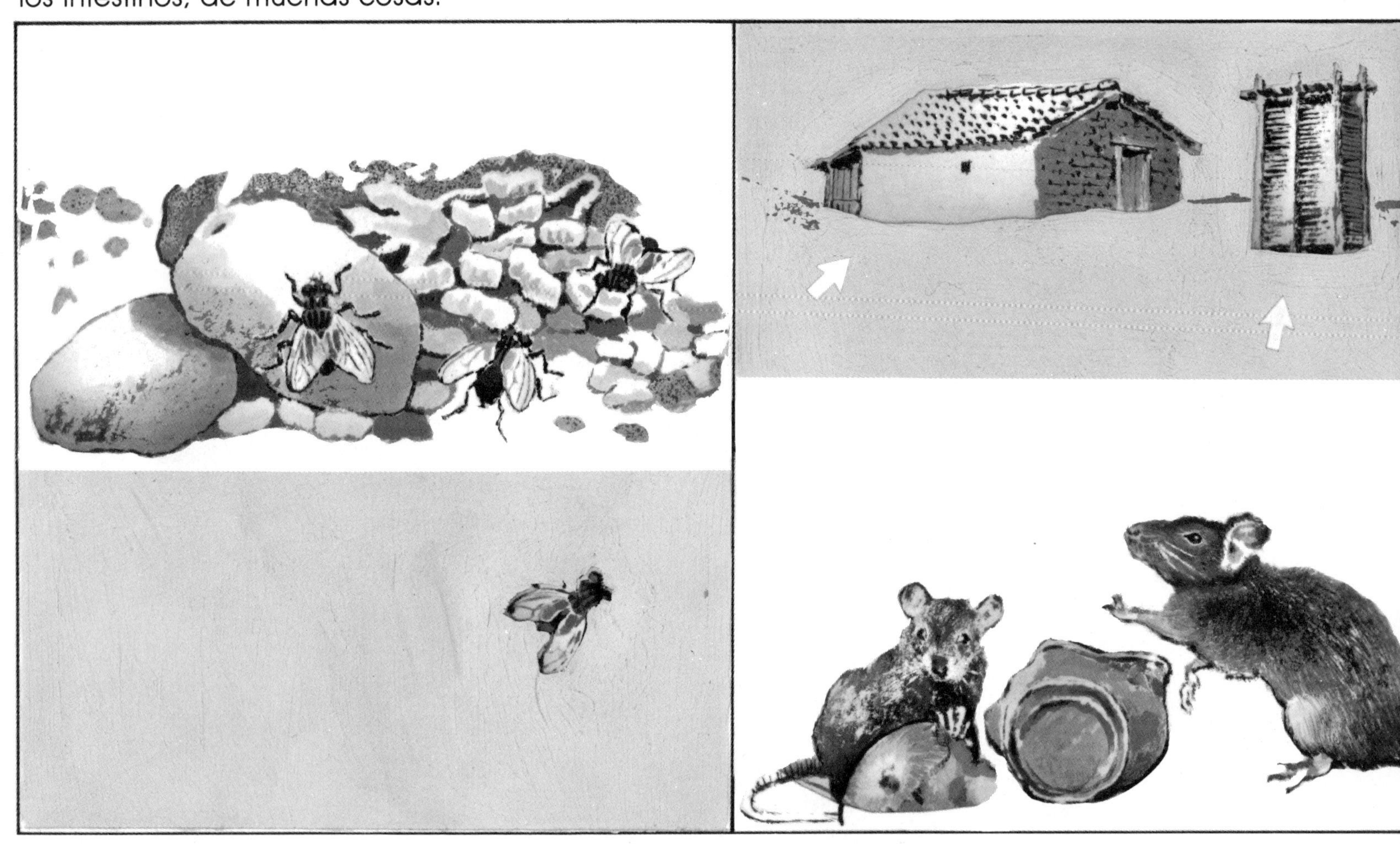

Que ¿por qué habrán tantas moscas en los tiraderos? Bueno, porque toda la basura orgánica es el alimento para estos insectos y muchos otros animales pequeñitos que no se ven a simple vista, como los microbios.

También es fácil ver ratas en los basureros, ya que allí encuentran su comida. Las ratas transmiten una enfermedad llamada rabia. Por eso es importante eliminar los lugares de la comunidad donde las ratas pueden desarrollarse.

Como ves, la basura tirada al aire libre es fuente de enfermedades.

¿Y cuál es la solución?
Pues... enterrar la basura.

Pero deberá tenerse cuidado de no quemar la basura, sobre todo los desechos de plástico, ya que al hacerlo se producen humos. Tú ya sabes que los humos contaminan el aire y además, pueden enfermarnos.

¿Qué se hace con la basura en la ciudad?

¿Has visitado alguna vez una ciudad? ¿No? En las ciudades vive mucha gente, que produce mucha más basura que las personas que viven en el campo. Además, las fábricas producen otras basuras como humos, polvos y líquidos, que ensucian el aire, la tierra y el agua.

Por eso, en las ciudades se amontona muchísima basura. Pero antes de deshacerse de ella, los pepenadores, que son gente que trabaja en los tiraderos, escogen los desechos de papel, de vidrio y de metal para venderlos. Después, con eso se vuelve a hacer papel y objetos nuevos de vidrio y metal en otras fábricas.

Aunque ya sabes que no todo lo que se tira puede aprovecharse.

El papel viejo, usado, y el cartón sirven mucho porque con ellos se puede hacer papel nuevo.

Quizás el papel de que está hecho este libro haya sido alguna vez basura, ¿no crees?

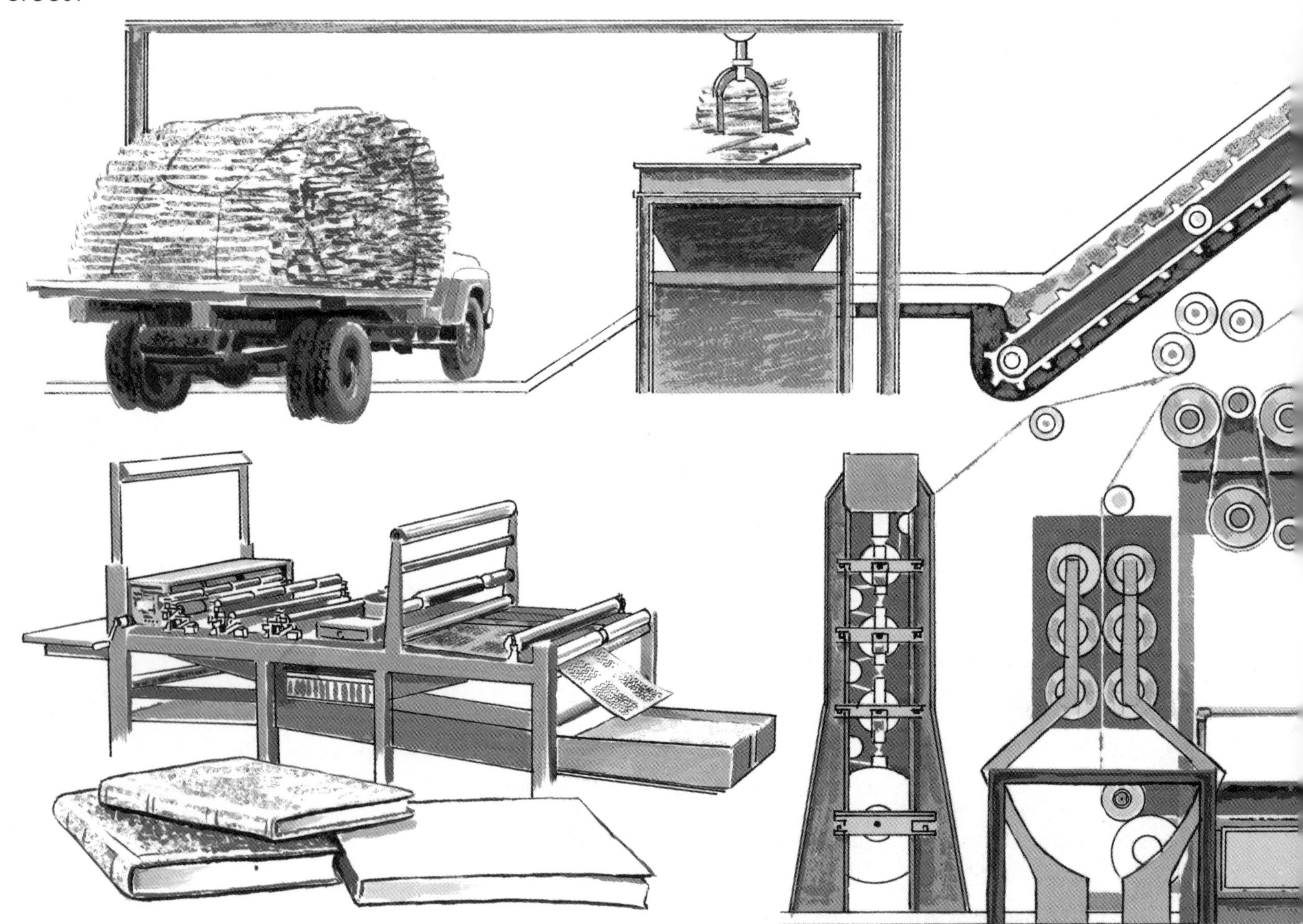

Como lo ves en el dibujo, el papel se saca de la madera.

Por eso, es bueno recordar que desperdiciar papel es como desperdiciar árboles.

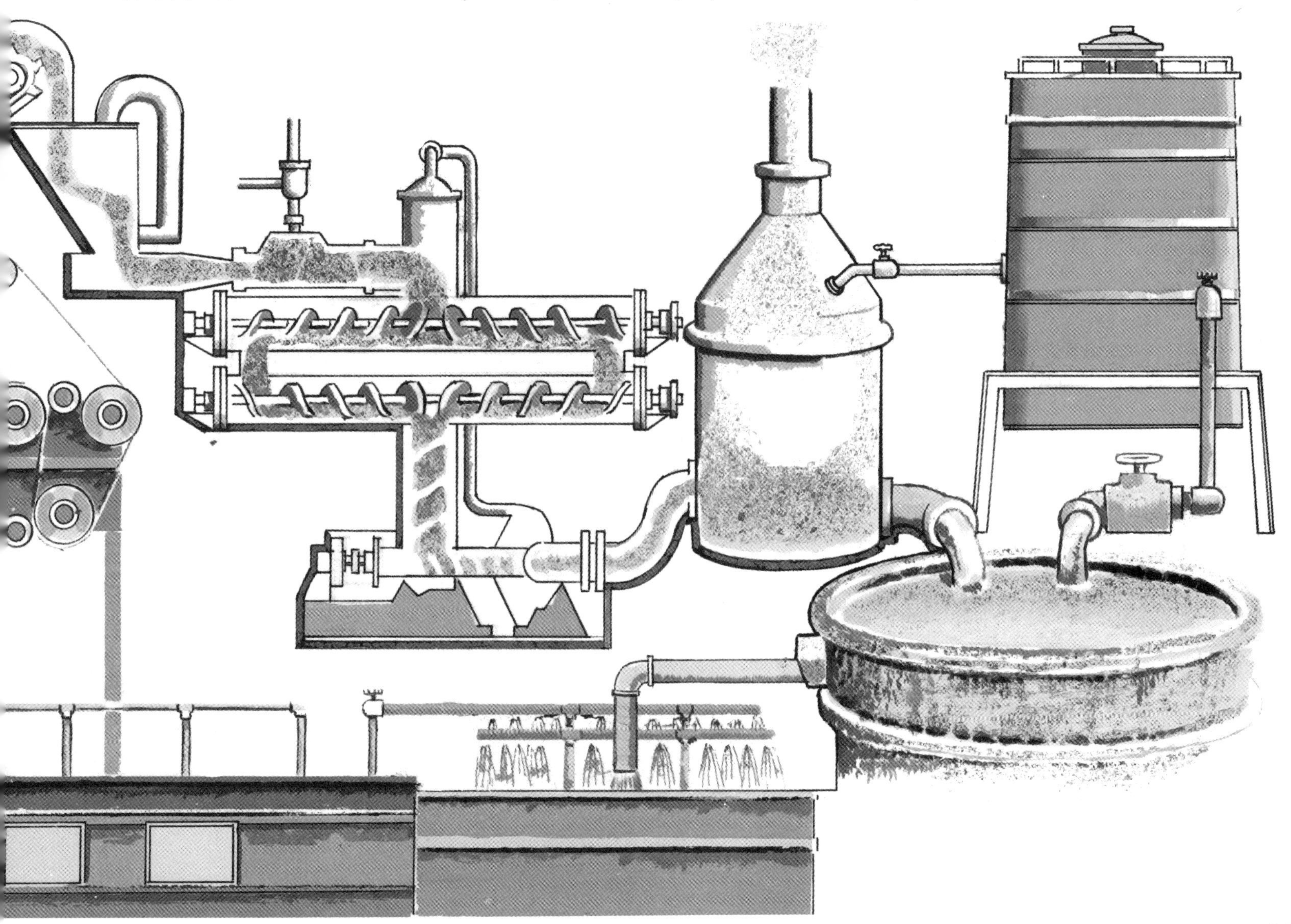

Serpientes y escaleras

Juega "Serpientes y escaleras" con uno o más compañeros. Necesitas una ficha para cada jugador y seis papelitos numerados del 1 al 6. Por turnos, cada jugador avanzará su ficha, según el número que sacó. Gana quien llegue primero a la última casilla, sin que le sobren avanzadas.

Si un jugador llega a una casilla donde aparece la cola de una serpiente, bajará su ficha hasta la casilla donde llega la cabeza.

Pero si llega a la casilla donde está el inicio de una escalera, subirá su ficha hasta la casilla donde termina.

37
36
35
34
33
28
29
30
31
32
21
20
19
17
12
13
14
15
16
5
4
3
2
1

¿Cómo hacer papel con basuras de papel?

Tú y tus compañeros pueden hacer papel nuevo. Primero pónganse a buscar desechos de papel. Seguro que en el cesto de basura de tu curso comunitario encontrarán. También pueden aprovechar cuadernos que ya no usen.

Después consíganse una caja grande de madera o un tablón, y también una cubeta con agua.

Luego hagan bola cada pedazo de papel, antes de echarlo a la cubeta, para que se moje muy bien. Y así déjenlo humedecer durante diez días; pero eso sí, cada día que pase remuevan bien los papeles.

Cuando haya pasado ese tiempo, saquen el papel desecho y vayan poniéndolo sobre algo plano, ya sea la caja o el tablón. Entonces lo reparten muy bien con las manos, extendiéndolo. Después, con las mismas manos, lo van aplastando hasta que quede una lámina extendida y delgada. Cuiden que no le queden agujeros.

Finalmente, dejen que la lámina de papel se seque con el sol y el aire. En poco tiempo tendrán en sus manos papel nuevo, donde tú y tus amigos podrán dibujar y pintar lo que quieran y como se les ocurra.

¿Qué otras cosas más se pueden hacer con basura?

Y a ti, ¿qué otras cosas más se te han ocurrido, y has hecho, aprovechando la basura?

Solución del juego de la página 12

¿Qué hacer con la basura?
se terminó de imprimir en septiembre de 2006
con un tiraje de 3 000 ejemplares, en los talleres de
Programe, S.A. de C.V., Unión 25, col. Tlatilco
CP 02860, México, D.F.